BEI GRIN MACHT SICH IHR WISSEN BEZAHLT

- Wir veröffentlichen Ihre Hausarbeit, Bachelor- und Masterarbeit

- Ihr eigenes eBook und Buch - weltweit in allen wichtigen Shops

- Verdienen Sie an jedem Verkauf

Jetzt bei www.GRIN.com hochladen und kostenlos publizieren

Bibliografische Information der Deutschen Nationalbibliothek:

Die Deutsche Bibliothek verzeichnet diese Publikation in der Deutschen National-
bibliografie; detaillierte bibliografische Daten sind im Internet über http://dnb.d-
nb.de/ abrufbar.

Impressum:

Copyright © 2012 GRIN Verlag, Open Publishing GmbH
Druck und Bindung: Books on Demand GmbH, Norderstedt Germany
ISBN: 978-3-668-14956-4

Dieses Buch bei GRIN:

http://www.grin.com/de/e-book/316153/deutschlands-energieversorgung-der-
zukunft-und-der-beitrag-erneuerbarer

Alois Weiß

Deutschlands Energieversorgung der Zukunft und der Beitrag erneuerbarer Energien

GRIN Verlag

Ruprecht-Karls-Universität Heidelberg
Geographisches Institut
Seminar: Aktuelle Konzepte zu Energiegewinnung, Klima- und Umweltschutz
WS 2011/12

Deutschlands Energieversorgung der Zukunft und der Beitrag erneuerbarer Energien

Alois Weiß
Bachelor Geographie 100%, 5. Semester

Inhaltsverzeichnis

Abbildungs- und Tabellenverzeichnis

1. Energiepolitik der Zukunft

Die Energiepolitik in Deutschland war in den vergangenen Jahren sehr stark von klimapolitischen Überlegungen beeinflusst. Im Rahmen der Klimaschutzkonferenz in Kopenhagen erklärte sich Deutschland bereit, bis zum Jahr 2020 die Treibhausgasemissionen um 40% gegenüber 1990 zu reduzieren. Dieses ehrgeizige Ziel ist jedoch nur zu erreichen, wenn eine drastische Veränderung der Energieversorgung stattfindet. Ein Ausbau der erneuerbaren Energie ist dabei ebenso notwendig, wie die Steigerung der Energieeffizienz. Es wäre jedoch falsch die Energiepolitik nur als eine abgeleitete Klimapolitik zu verstehen. Eine einseitige Beschränkung auf die Erfüllung von Umweltzielen würde den Herausforderungen vor denen die Energiepolitik steht, nicht gerecht werden. Auch der beschlossene Atomausstieg für das Jahr 2020 wird neue Anforderungen an die Energiepolitik stellen und den Energiemix verändern. Die heute getroffenen Entscheidungen zur zukünftigen Energieversorgung sind jedoch richtungsweisend für die kommenden Jahrzehnte und dürfen daher keine voreiligen und allein auf Klimaschutz reduzierten Entscheidungen sein.

Im Mittelpunkt der Energiepolitik muss daher sowohl langfristig als auch kurz- und mittelfristig, das Erreichen des energiepolitischen Zieldreiecks stehen (Abb. 1). Dieses beinhaltet die drei Prämissen der Wirtschaftlichkeit, der Versorgungssicherheit und der Umweltverträglichkeit (Hillemeyer 2006). Die Wirtschaftlichkeit der Energieversorgung ist dann gewährleistet, wenn Energie zu angemessenen und unter Wettbewerbsbedingungen gebildeten Marktpreisen zur Verfügung steht. Dies ist notwendig um die Wettbewerbsfähigkeit der energieverbrauchenden Wirtschaft sowohl national als auch international zu gewährleisten. Zudem ist die Nutzung von Energie ein elementares Grundbedürfnis der Bevölkerung, weshalb es auch aus sozialer Perspektive notwendig ist, Energie zu einem möglichst geringen Preis zur Verfügung zu stellen. In den vergangenen Jahren wurde gerade dieser Aspekte zunehmend vernachlässigt und vor allem im Sektor der erneuerbaren Energien vom Staat hohe Subventionen gezahlt, die zumindest aus wirtschaftlicher Sicht auf Dauer nicht tragbar sind (Hillemeyer 2006).

Die zweite Prämisse des energiepolitischen Zieldreiecks ist die Versorgungssicherheit. Ganz allgemein versteht man hierunter die kontinuierliche und stabile Energieversorgung, welche zu jeder Zeit in Deutschland gewährleistet sein soll (Bardt 2010). In Deutschland ist dieser Aspekt in den vergangenen Jahren zunehmend in den Hintergrund getreten, da die Versorgungssicherheit bereits ein sehr hohes Niveau erreicht hat. Global betrachtet muss allerdings berücksichtigt werden, dass das kontinuierliche Bevölkerungswachstum und der steigende Industrialisierungsgrad zu einem steigenden Energieverbrauch führen. Gerade die Versorgung mit fossilen Energieträgern wird daher in Zukunft wesentlich größere Probleme mit sich bringen als bisher. Für Deutschland bedeutet dies, dass die Energiepolitik auf diese veränderten Rahmenbedingungen angepasst werden muss. Dazu zählt zum einen die Sicherung der Energieversorgung aus fossilen Energieträgern, aber auch die Schaffung einer Energiebasis, welche sich in einem geringeren Maße auf fossile Energien stützt.

Als dritte Prämisse ist die Umweltverträglichkeit zu nennen. Es muss das Ziel der Energiepolitik sein, eine Energieversorgung zu gewährleisten, die mit möglichst geringen negativen Umweltauswirkungen einhergeht. Eine stärkere Einbindung der erneuerbaren Energien in den Energiemix Deutschlands scheint aus diesem Blickwinkel unumgänglich. Zur Erreichung dieses Ziels sind zudem Energieeffizienzsteigerungen eine Möglichkeit weniger Energie zu verbrauchen, ohne ökonomische Ziele zu gefährden.

Dabei ist zu beachten, dass diese Ziele nicht unabhängig voneinander stehen, sondern zum einen komplementäre Beziehungen zueinander haben, teilweise aber auch in einem Zielkonflikt stehen. Ein Beispiel hierfür ist, dass eine Steigerung der Umweltverträglichkeit oder der Versorgungssicherheit in den meisten Fällen auch mit einer Preissteigerung einhergeht. Wie bereits erwähnt ist die Versorgungssicherheit in Deutschland auf einem sehr hohen Niveau. Handlungsbedarf besteht demzufolge vor allem bei einer Verbesserung der Wirtschaftlichkeit und Umweltverträglichkeit.

Ein Aspekt der neben diesen drei Prämissen keinesfalls vernachlässigt werden darf ist die gesellschaftliche Akzeptanz von energiepolitischen Entscheidungen (Knopf et al. 2011). Wenn getroffene Maßnahmen auf eine breite gesellschaftliche Ablehnung stoßen, können diese keine dauerhaften und beständigen Lösungen darstellen. Ein aktuelles Beispiel hierfür ist die Einführung des Biosprits E-10. Laut einer Umfrage der Auto Motor und Sport (2011) sprechen sich mehr als 2/3 der Autofahrer dafür aus, diesen Kraftstoff wieder aus dem Sortiment zu nehmen. Überraschend ist dieses Ergebnis deshalb, da im Zusammenhang mit erneuerbaren Energien als Gegenargument häufig von zu hohen Preisen für den Endverbraucher gesprochen wird. Genau dies war jedoch bei der Einführung von E-10 nicht der Fall und dennoch fand dieser neue Kraftstoff bis heute keine weitreichende gesellschaftliche Akzeptanz. Dieses Fallbeispiel soll zeigen, dass bei Entscheidungen der Energiepolitik sehr viele Faktoren berücksichtigt werden müssen, die in den seltensten Fällen alle miteinander vereinbar sind. Die Findung von Kompromissen wird daher ein wesentlicher Bestandteil der zukünftigen Energiepolitik Deutschlands darstellen.

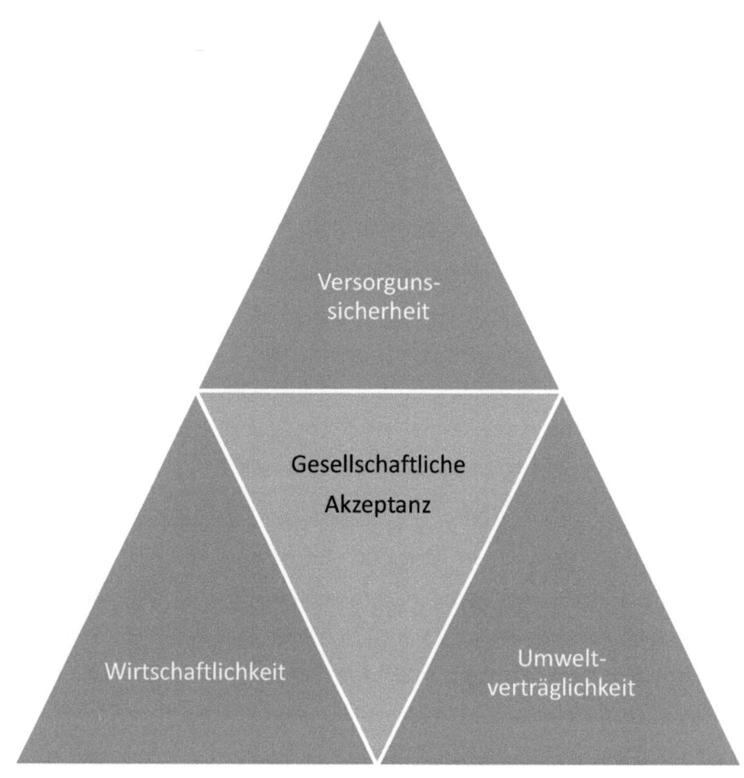

Abbildung 1: Energiepolitisches Zieldreieck (verändert nach Knopf et al. 2011)

2. Aktueller Stand der Energieversorgung in Deutschland

Bevor eine Aussage darüber gemacht werden kann, wie die zukünftige Energieversorgung in Deutschland aussehen kann, soll im Folgenden der aktuelle Stand der Energieversorgung dargestellt werden. Dabei wird zunächst geklärt, wie sich der Energiemix in Deutschland zusammensetzt und welche Veränderungen im Primärenergieverbrauch in den letzten Jahren stattgefunden haben. Eine wesentliche Aufgabe der Energiepolitik wird es zudem sein Verbesserungen im Bereich der Energieeffizienz zu erzielen. Deshalb wird in Kapitel 2.2 darauf eingegangen, welche Potentiale in der Effizienzsteigerung liegen und welche Hemmnisse zur Umsetzung derzeit noch bestehen. In Kapitel 2.3 wird das Augenmerk auf der derzeitigen Bedeutung der erneuerbaren Energien liegen. Hier wird erläutert, welchen Beitrag diese zur Energiebereitstellung bereits heute leisten und welche Entwicklung sich in den vergangenen Jahren in diesem Bereich vollzogen hat.

2.1 Primärenergieverbrauch

Ganz allgemein versteht man unter der Primärenergie jene Energievorkommen, die von der Natur zur Verfügung gestellt werden. Hierzu zählen die fossilen Energieträger, wie Erdöl, Erdgas und Kohle, als auch Uran. Ebenso zählen die regenerativen Energiequellen zur Primärenergie. Damit ist der Primärenergieverbrauch ein bedeutender Indikator für den Verbrauch von Ressourcen. Bei der Berechnung des Primärenergieverbrauchs wird zudem der Wirkungsgrad der jeweiligen Energieträger berücksichtigt. Je weniger Ressourcen für die Gewinnung einer bestimmten Menge Energie eingesetzt werden müssen, desto höher ist der Wirkungsgrad des Energieträgers. So beträgt der Wirkungsgrad bei der Stromerzeugung aus Wind, Wasserkraft und Photovoltaik 100%, bei Kernenergie nur 33% (UBA 2011, zuletzt abgerufen am 12.12.2011). In Deutschland ist der Primärenergieverbrauch seit Anfang der 1990er Jahre, trotz einer Zunahme der Wirtschaftsleistung um rund 25%, leicht rückläufig. Dies ist zum einen auf den Ausbau von erneuerbaren Energien, die einen höheren Wirkungsgrad als fossile Energieträger haben, zurückzuführen. Aber auch die Effizienzsteigerung bei fossilen Kraftwerken trägt zu dieser Entwicklung bei. Im Jahr 2010 betrug der Primärenergieverbrauch in Deutschland 14.057 Petajoule (PJ) und lag damit rund 4,7% höher als 2009 (UBA 2011, zuletzt abgerufen am 12.12.2011). Der Primärenergieverbrauch hängt dabei mit konjunkturellen Schwankungen in der deutschen Wirtschaft zusammen, womit auch dieser vergleichsweise große Anstieg erklärt werden kann. Die Wirtschaftskrise bewirkte einen Rückgang des Energieverbrauchs auf das Niveau der 1970er Jahre im Jahr 2009 und das derzeitige, wieder stärker werdende Wirtschaftswachstum, geht mit einem gesteigerten Energiebedarf einher, ohne jedoch das Niveau von 2008 mit 14.216 PJ zu erreichen (UBA 2011, zuletzt abgerufen am 12.12.2011). Schwankungen des Primärenergieverbrauchs sind zudem auf unterschiedliche Witterungsbedingungen zurückzuführen. So steigt beispielsweise in einem überdurchschnittlich kalten Winter der Energiebedarf zur Wärmeerzeugung. Nach dem Energiekonzept der Bundesregierung soll der Primärenergiebedarf bis 2050 um 50% gegenüber 2020 reduziert werden (dena 2011, zuletzt abgerufen am 14.12.2011).

Der Energiemix in Deutschland hat sich seit 1990 sehr stark verändert. Die bedeutendsten Veränderungen waren ein starker Rückgang der Energiegewinnung aus Braunkohle, eine Steigerung des Gasverbrauchs, sowie ein starker Ausbau der erneuerbaren Energien. Im Jahr 2010 wurde immer noch mehr als die Hälfte der Energie aus Erdöl und Erdgas gewonnen, womit diese damit auch weiterhin die wichtigsten Energieträger in Deutschland sind (Abb.2). Da in Deutschland lediglich Braun- und Steinkohle als natürliche Ressource vorkommen, ist

man zur Deckung des Energiebedarfs sehr stark von Energieimporten abhängig (Böcker &
Welte 2006). Nur rund ein Viertel der verbrauchten Energie wird auch aus heimischen
Ressourcen, also aus Braunkohle und erneuerbaren Energien, gewonnen. Gerade im Hinblick
auf die Versorgungssicherheit macht sich Deutschland damit sehr stark von
Ressourcenländern abhängig, die nicht selten mit politischen Unruhen zu kämpfen haben. Ein
aktuelles Beispiel hierfür ist der Iran. Die Folge sind stark schwankende Preise für Erdöl und
Erdgas, die ein Energieimportland wie Deutschland dazu zwingen sich diesen veränderten
Rahmenbedingungen anzupassen. Mit knapper werdenden Erdöl- und Erdgasressourcen und
einem weiterhin steigendem Weltenergieverbrauch, vor allem in den Schwellenländern, muss
es zumindest ein langfristiges Ziel sein, sich von diesen Energieträgern als Standbein der
Energieversorgung loszulösen.

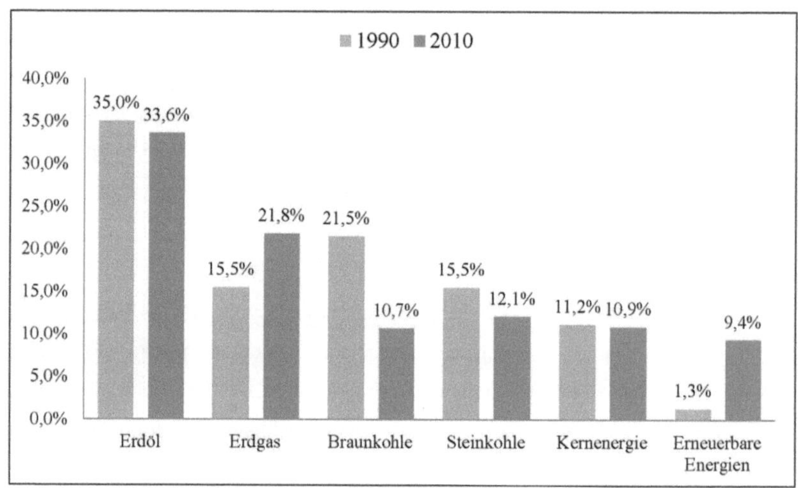

Abbildung 2: Beiträge der Energieträger zum Primärenergieverbrauch in Prozent
(eigene Darstellung, Datengrundlage: UBA 2011)

2.2 Energieeffizienz

Ein Indikator der angibt, wie effizient der Umgang mit Energie in einer Volkswirtschaft ist,
ist die Energieproduktivität bzw. die Energieeffizienz. Ausgerückt wird sie als das Verhältnis
vom Bruttoinlandsprodukt zum Primärenergieverbrauch. Mithilfe dieses Indikators kann
gezeigt werden, wie viel volkswirtschaftliche Gesamtleistung (BIP in €) mit einer Einheit
Primärenergie „produziert" werden kann (Brüggemann 2005). Je höher die Energieeffizienz
liegt, desto mehr entkoppelt sich das Wirtschaftswachstum von einem steigenden

Energiebedarf. Das von der deutschen Bundesregierung im Jahr 2002 festgelegt Ziel, strebt eine Verdopplung der Energieeffizienz bis 2020 im Vergleich zum Basisjahr 1990 an. Aus Abbildung 3 ist zu entnehmen, dass eine Steigerung der Energieeffizienz in den vergangenen Jahren durchaus zu erkennen ist. Jedoch muss berücksichtigt werden, dass der Primärenergieverbrauch trotz erheblicher Anstrengungen der Bundesregierung seit 1990 nahezu konstant geblieben ist. Der Rückgang des Primärenergieverbrauchs in den letzten Jahren ist größtenteils auf die Wirtschaftskrise und weniger auf effizienzsteigernde Maßnahmen zurückzuführen. Der wichtigere Faktor, dass dennoch eine Steigerung der Energieeffizienz stattgefunden hat, ist das anhaltende Wirtschaftswachstum in den vergangenen zwei Jahrzehnten. Obwohl nur eine geringfügige Verminderung des Primärenergieverbrauchs stattfand, ist diese Entwicklung durchaus positiv zu sehen. Deutschland ist es gelungen ein Wirtschaftswachstum zu generieren, welches sich nicht auf einen steigenden Energiebedarf stützt. Damit kann durchaus von einer zunehmenden Entkopplung von Wirtschaftswachstum und Primärenergieverbrauch gesprochen werden. Dennoch muss es ein wesentlicher Bestandteil der Energiepolitik sein, den Primärenergieverbrauch dauerhaft zu senken. Gerade zur Erreichung der Ziele, die im energiepolitischen Zieldreieck zusammengefasst sind, ist eine Verminderung des Energieverbrauchs elementar.

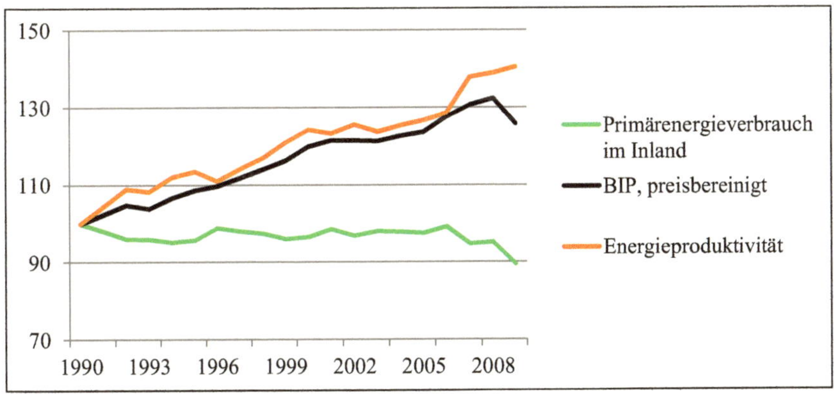

Abbildung 3: Energieproduktivität in Deutschland
(eigene Darstellung, Datengrundlage: BMU 2011)

Effizienzsteigerungen sind dabei sowohl auf der Energieangebotsseite als auch auf der Energieverbraucherseite möglich. Auf der Angebotsseite können durch eine Wirkungsgrad-verbesserung bei Kraftwerken die Umwandlungsverluste minimiert werden und somit aus dem gleichen Einsatz von Primärenergie, mehr Nutzenergie zur Verfügung gestellt werden. So geht allein mehr als ein Drittel der eingesetzten Primärenergie bereits bei der Umwandlung zu der vom Endverbraucher nutzbaren Endenergie verloren. Eine noch größere Steigerung der Energieeffizienz ist jedoch auf der Verbraucherseite möglich. Rund 50% der bereitgestellten Endenergie gehen durch ein ineffizientes Nutzverhalten verloren (Brüggemann 2005). Energieeffizienzpotentiale sind dabei in der Wärme- und Stromnutzung, als auch im Verkehrssektor durchaus vorhanden. Im Wärmebereich ließen sich vor allem im Raumwärmebereich, beispielsweise durch Altbausanierungen, große Mengen an Energie einsparen. Im Strombereich besteht das größte Problem bei der Nutzung von Geräten und Anlagen, die aus heutiger Sicht veraltet sind. Eine Szenarioberechnung des Wuppertalinstituts (2004) ergab, dass sich zusätzlich zu den ohnehin geplanten Einsparmaßnahmen bei Stromanwendungen, mit der bereits heute verfügbaren Technik zusätzlich 30% des Stromverbrauchs bis 2020 einsparen ließen. Auch im Verkehrssektor sind Einsparpotentiale vorhanden. Durch eine Verbesserung der Fahrzeug- und Motorentechnik wird eine Reduzierung des Kraftstoffverbrauchs um bis zu 35% für möglich gehalten (Brüggemann 2005).

Der wirtschaftliche Umgang mit Energie ist in erster Linie die Aufgabe von privaten Haushalten, dem Transportwesen und der energieverbrauchenden Wirtschaft. Natürlich ist es auch gerade aus wirtschaftlicher Sicht für den Endverbraucher sinnvoll, sich über die Einsparmöglichkeiten Gedanken zu machen. Die Umsetzung von effizienzsteigernden Maßnahmen verläuft dennoch nur sehr schleppend. Die Ursachen hierfür sind sehr vielfältig. Häufig sind dem Energieverbraucher mögliche Einsparpotentiale nicht bekannt. Außerdem stellen die Energiekosten oft nur einen kleinen Teil der Gesamtkosten da, weshalb es aus der Sicht des einzelnen Energiekunden nicht notwendig erscheint, über mögliche Einsparmöglichkeiten nachzudenken. Nicht zuletzt sind Maßnahmen zur Effizienzsteigerung mit Investitionskosten verbunden, die die Einsparungen durch einen gesunkenen Energiebedarf häufig erst nach einigen Jahren decken und damit unattraktiv machen (Brüggemann 2005).

Insgesamt muss hierzu festgehalten werden, dass die Marktanreize zur Effizienzsteigerung derzeit noch zu gering sind, um diese auch für den einzelnen Energiekunden attraktiv zu machen. Auch in Zukunft wird es ein wesentlicher Bestandteil der Energiepolitik sein, Maßnahmen zur Energieeffizienzsteigerung zu ergreifen.

2.3 Derzeitige Bedeutung der erneuerbaren Energien

In den letzten Jahren ist ein deutlicher Aufwärtstrend hin zu erneuerbaren Energien in Deutschland zu erkennen. Mit 10,9% am Endenergieverbrauch hat sich der Anteil der erneuerbaren Energien im Vergleich zu 1998 mehr als verdreifacht (UBA [2] 2011, zuletzt abgerufen am 16.12.2011). Den größten Anteil leisteten dabei biogene Brennstoffe, die mehr als die Hälfte der Energie aus erneuerbaren Energien bereitstellten (Abb.4). Dies überrascht vielleicht, da die öffentliche Berichterstattung wesentlich stärker auf die Wind- und Solarenergie fokussiert ist. Gerade zur Wärmebereitstellung sind biogene Brennstoffe heute von großer Bedeutung und auch in der Stromgewinnung hat der Anteil in den letzten 15 Jahren stark zugenommen. Dass auch die Bereitstellung von Biokraftstoffen ausschließlich auf der Basis von biogenen Brennstoffen basiert, zeigt, dass dieser Energieträger der vielseitigste unter den erneuerbaren Energien ist. Mit 7,7% am gesamten Energieverbrauch stellt die Biomasse den größten Anteil aller erneuerbaren Energien. Die Windenergie, welche ebenfalls einen großen Bedeutungszuwachs in den vergangenen Jahren zu verzeichnen hat, trägt den größten Teil zur Strombereitstellung aus erneuerbaren Energien bei. Dennoch wurden 2010 nur 1,5% des gesamten Endenergieverbrauchs aus Windenergie gewonnen. Neben der Windkraft ist die Strombereitstellung aus Wasserkraft mit 0,8% der zweitbedeutendste erneuerbare Energieträger. Die Nutzung von Sonnenenergie, entweder zur Stromgewinnung durch Photovoltaik oder zur Wärmegewinnung durch Solarthermie, stellen zusammen mit der Energiegewinnung aus Geothermie weniger als 1% am gesamten Endenergieverbrauch da (BMU 2011).

Diese Zahlen zeigen, dass erneuerbare Energien zwar durchaus an Bedeutung gewonnen haben, aber derzeit immer noch einen vergleichsweise geringen Anteil an der gesamten Energiebereitstellung in Deutschland haben. Dabei sollte man sich nicht zu sehr von den auf den ersten Blick geringen Prozentzahlen blenden lassen. Gerade im internationalen Vergleich liegt Deutschland auf den vorderen Plätzen bei der Energiebereitstellung aus erneuerbaren Energien. Im Jahr 2010 wurden 275 TWh aus erneuerbare Energien gewonnen, womit ein deutlicher Anstieg in den letzten zwei Jahrzehnten zu verzeichnen ist. Im Jahr 1990 betrug die Energiebereitstellung aus erneuerbaren Energien lediglich 50 TWh, 2000 bei rund 100 TWh (BMU 2011). Dabei hat dieses Wachstum in allen drei Sektoren, also sowohl in der Wärme- und Strombereitstellung als auch in der Kraftstoffbereitstellung, stattgefunden (UBA [2] 2011, zuletzt abgerufen am 16.12.2011). Vor allem in der Strombereitstellung sind erneuerbare Energien mit einem Anteil von 17% bereits ein wesentlicher Bestandteil. Hierbei ist vor allem der Ausbau der Windenergie erwähnenswert, der seit der Jahrtausendwende im Zuge des Erneuerbaren-Energien-Gesetzes stark vorangetrieben wurde.

Bei der Wärmebereitstellung sind ähnliche Tendenzen zu erkennen, wenngleich der Anteil an der gesamten Wärmebereitstellung mit 9,5% noch deutlich geringer ist. Gerade bei privaten Haushalten und Unternehmen ist jedoch die Tendenz zu erkennen, dass zur Raumwärmeerzeugung immer häufiger Holz- oder Pelletheizungen genutzt werden, die Öl- und Gasheizungen Konkurrenz machen. So wurden im Durchschnitt jedes Jahr 20.000 neue Pelletheizungen zwischen 2003 und 2010 in Deutschland installiert (DEPV 2011, zuletzt abgerufen am 17.12.2011).

Mit 5,8% sind die erneuerbaren Energien im Bereich der Kraftstoffbereitstellung derzeit am unbedeutendsten (BMU 2011). Wenngleich auch hier festzuhalten bleibt, dass mit der gesetzlich vorgeschriebenen Beimischung von 5% Bioethanol bei Superbenzin und der Markteinführung von E10, auch hier versucht wird, die erneuerbaren Energien in diesem Sektor bedeutender zu machen.

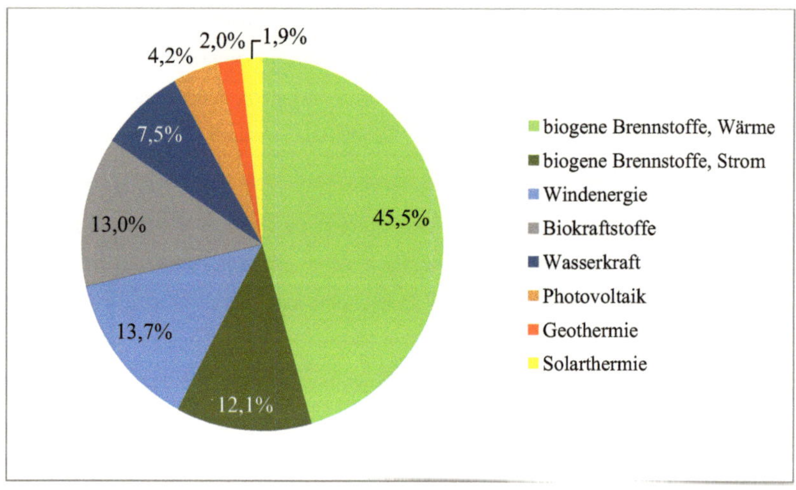

Abbildung 4: Struktur der Endenergiebereitstellung aus erneuerbaren Energien 2010 (eigene Darstellung, Datengrundlage: BMU 2011)

3. Zukunft der Energieversorgung in Deutschland

Insgesamt sind die Entwicklungstendenzen bezüglich der erneuerbaren Energien durchaus positiv zu bewerten und die Potentiale sind derzeit noch nicht ausgeschöpft. Dennoch hat sich die Bundesregierung mit dem Ziel bis 2020 mindestens 20% der Energie aus erneuerbaren Energien zu gewinnen ein ehrgeiziges Ziel gesteckt. In den folgenden Kapiteln soll daher der Frage nachgegangen werden, wo noch Steigerungspotentiale vorhanden sind. Gleichzeitig wird unter der Berücksichtigung des energiepolitischen Zieldreiecks die Wirtschaftlichkeit und Versorgungssicherheit dieser neuen Energieträger aufgezeigt. Des Weiteren wird dargestellt, inwiefern der beschlossene Atomausstieg den Energiemix in Deutschland beeinflussen wird und welche Bedeutung den fossilen Energieträgern bei der zukünftigen Energieversorgung Deutschlands zukommen wird.

3.1 Folgen des Atomausstiegs

In Folge der nuklearen Katastrophe in Fukushima hat die Bundesregierung beschlossen ab dem Jahr 2022 vollständig auf die Kernenergie zu verzichten. Im Jahr 2010 stellte die Kernenergie mit 22,6% an der Bruttostromerzeugung jedoch einen großen Anteil. Zudem trägt die Kernenergie durch ihre Grundlastfähigkeit fast die Hälfte zur Grundlast-stromversorgung bei (Schröer 2008). Strom, der aus Kernenergie gewonnen wird, ist außerdem die derzeit kostengünstigste Möglichkeit Strom zu erzeugen (Tab.1). Sowohl aus sozialen Gesichtspunkten als auch im Hinblick auf die internationale Wettbewerbsfähigkeit muss versucht werden, den Preisanstieg für Strom möglichst gering zu halten. Des Weiteren ist die Kernenergie CO_2-neutral, weshalb es denkbar ist, dass mit dem Atomausstieg auch Klimaschutzziele gefährdet sein könnten. Im Folgenden soll daher aufgezeigt werden, ob mit dem Wegfall dieses Energieträgers die Versorgungssicherheit gefährdet ist und welche ökologischen und ökonomischen Auswirkungen auf die Energieversorgung in Deutschland zu erwarten sind.

In den vergangenen Jahren hat die Kernenergie an Bedeutung verloren. Seit dem Jahr 2000 ist der Anteil an der gesamten Bruttostromerzeugung um rund 7% zurückgegangen (Schröer 2008). Ob jedoch auch kurzfristig komplett auf die Kernenergie verzichtet werden kann, hängt davon ab ob auch die Spitzenlast ohne diesen Energieträger abgedeckt werden kann. Nach einer Studie der Firma Trendsearch im Jahr 2008, ist die Versorgungssicherheit bei einem Atomausstieg bis 2020 nur dann gewährleistet, wenn die derzeit geplanten Großkraftwerkprojekte umgesetzt werden und der Ausbau der erneuerbaren Energien wie prognostiziert stattfinden (Schröer 2008). Wenn dies nicht der Fall sein sollte, ist mit einer

Unterversorgung zu rechnen. Weitere Studien, beispielsweise der Deutschen Energie-Agentur (2008), kommen ebenfalls zu dem Ergebnis, dass die Bedeutung der fossilen Energieträger zur Stromerzeugung durch den Atomausstieg wachsen wird, auch wenn der Ausbau der erneuerbaren Energien wie geplant stattfindet. Bei derartigen Prognosen ist jedoch zu berücksichtigen, dass die Stromversorgungssicherheit von zahlreichen Variablen und Unsicherheiten abhängt, wie beispielsweise dem technischen Fortschritt oder sektoralem Wandel, sodass die Folgen eines Ausstiegs nur schwer abzuschätzen sind (Schröer 2008). So ist es bereits heute möglich selbst für die Spitzenlast genug Strom auch ohne Kernenergie zu erzeugen. Viel schwerer wiegt hierbei das Verteilungsproblem aufgrund mangelnder Übertragungskapazitäten. Ein innerdeutscher Lastenausgleich ist derzeit nur bedingt möglich und macht den vollständigen Verzicht auf Kernenergie für eine sichere Stromversorgung momentan nicht möglich (IfW 2011, zuletzt abgerufen am 14.12.2011). Der vermehrte Einsatz von „Brückentechnologien", wie Kohle- und Gaskraftwerken, ist demzufolge bei einem Atomausstieg bis 2022 unumgänglich. Daher drängt sich die Frage auf, ob und inwiefern der Atomausstieg die Klimaschutzziele gefährden könnte.

Dabei ist zu beachten, dass die gesamte Menge an Emissionszertifikaten bis zum Jahr 2020 fix vorgegeben ist. Die Folge eines vorzeitigen Atomausstiegs wäre vor dem Hintergrund eines Ausbaus von fossilen Kraftwerken mit einer steigenden Nachfrage nach Emissionszertifikaten verbunden. Bei gleichbleibendem Angebot und steigender Nachfrage nach Emissionszertifikaten ist daher mit einer Preissteigerung dieser Zertifikate zu rechnen (Löschel 2011). Der Zukauf von Zertifikaten ist für Deutschland mit gesteigerten Treibhausgasemissionen verbunden, wobei hier zu berücksichtigen ist, dass es sich beim Emissionshandel um ein europaweites System handelt. Auch eine Laufzeitverlängerung würde daher keine reale Verminderung von Treibhausgasen zur Folge haben. Es handelt sich lediglich um europaweite Verlagerungseffekte, die nichts an der Gesamtmenge der Treibhausgasemissionen ändern (Löschel 2011).

Als Kritik am Atomausstieg werden zudem häufig Preissteigerungen für Strom genannt. Wie bereits eingangs erwähnt, ist die Kernenergie derzeit die kostengünstigste Möglichkeit zur Stromgewinnung (Tab. 1). Laut einer Szenarioberechnung von Prognos (2010) werden sich die Strompreise von durchschnittlich 23,5 Cent/kWh (2010) auf 28,5 bis 28,8 Cent/kWh (2025) erhöhen. Dabei ist jedoch anzumerken, dass lediglich 0,2 bis 0,6 Cent des Preisanstiegs auf den Atomausstieg zurückzuführen sind. Wesentlich bedeutender für den Anstieg sind der Ausbau der erneuerbaren Energien, der Stromnetzte und fossiler Kraftwerke

(Holm- Müller & Weber 2011). Selbst Verbraucherschützer weisen darauf hin, dass die Strompreise wesentlich geringer auf den Atomausstieg reagieren werden, als häufig dargestellt wird (Focus Online 2011, zuletzt abgerufen am 12.12.2011). Aus anderer Perspektive bedeutet dies, dass auch eine Laufzeitverlängerung der Atomkraftwerke mit einem deutlichen Anstieg der Strompreise verbunden gewesen wäre, da der Großteil der Preissteigerungen unabhängig von diesem Energieträger sattfinden wird.

Abschließend soll an dieser Stelle noch erwähnt werden, dass Kosten-Nutzen- Rechnungen bei der Beurteilung der Atomenergie an ihre Grenzen stoßen. Die Katastrophe in Fukushima hat gezeigt, dass die Kernenergienutzung Folgen haben kann, die bis dato für nahezu unmöglich gehalten wurden. Wenn sich eine Gesellschaft für die Nutzung der Kernenergie entscheidet, muss das Restrisiko eines solchen Ereignisses berücksichtigt werden. Ökonomische Rechnungen können lediglich Strategien für einen schnelleren oder langsameren Ausstieg aufzeigen- nicht mehr und nicht weniger (Löschel 2011).

Tabelle 1: Stromerzeugungskosten verschiedener Energieträger
(Durchschnittliche Kosten über den Lebenszyklus neuer Anlagen, in US$ je Megawattstunde)

Kernkraft	50
Braunkohle	70
Steinkohle	79
Erdgas	85-119
Wind Onshore	106
Wind Offshore	138
Solarenergie	305-352

(eigene Darstellung, Datengrundlage: Bardt 2010)

3.2 Zukünftige Bedeutung der fossilen Energieträger

Wie im vorherigen Kapitel bereits angedeutet wurde, besteht mit dem Atomausstieg die Notwendigkeit, fossile Ersatzkapazitäten zur Stromversorgung bereitzustellen. Die Deutsche Energie- Agentur prognostiziert einen zusätzlichen Bedarf von fast 15.000 Megawatt bis zum Jahr 2020 (dena, 2008). Die Modernisierung und der Ausbau von fossilen Kraftwerken sind damit eine wesentlicher Bestandteil der zukünftigen Energiepolitik (Groß et al. 2010). Mit mehr als der Hälfte der Stromerzeugung in Deutschland, ist die Braun- und Steinkohle derzeit immer noch der bedeutendste Energieträger in diesem Sektor. Die Vorteile der Stromgewinnung aus Kohle sind dabei eine zuverlässige und preisgünstige Stromversorgung mit Grundlastfähigkeit. Des Weiteren verfügt Deutschland über Braunkohleressourcen, weshalb man zur Stromproduktion aus diesem Energieträger auf Importe verzichten kann. Hierbei ist jedoch zu erwähnen, dass der Abbau von Braunkohle mit negativen Folgen für die Umwelt einhergeht und daher vermehrt auf Widerstand stößt. Steinkohle hat einen höheren Brennwert als Braunkohle, muss jedoch importiert werden. Wenngleich hier eine breite Diversifizierung der Anbieter aus stabilen Ländern vorhanden ist, was eine langfristige Versorgung mit dieser Ressource gewährleistet (Bardt 2010). Der Nachteil bei der Stromgewinnung aus Kohle ist der vermehrte Ausstoß von Treibhausgasen. Auch wenn die Gesamtmenge der Emissionszertifikate europaweit geregelt ist, würde der vermehrte Einsatz von Kohlekraftwerken für Deutschland einen Rückschritt bedeuten. Zudem argumentieren Kritiker, dass der Ausbau von Kohlekraftwerken mit hohen Investitionskosten verbunden ist, die die Rentabilität dieser „Brückentechnologie" in Frage stellen (Holm-Müller & Weber 2011).

Derzeit gibt es einige Ansätze, wie die Nutzung von Kohlekraftwerken klimaverträglicher werden kann. Hierbei ist vor allem die CO2-Sequestierung (CCS) zu nennen, bei der die entstehenden Abgase bei der Energiegewinnung aus Kohle in unterirdischen Schichten dauerhaft eingelagert werden (Bardt 2010). Durch diese Methode wird zwar die Gesamtmenge der entstehenden Treibhausgase nicht reduziert, sie gelangen jedoch auch nicht in die Atmosphäre. Derzeit ist dieses Verfahren jedoch noch nicht ausgereift und steht voraussichtlich erst ab dem Jahr 2020 für den kommerziellen Einsatz zur Verfügung (UBA 2009). Zumindest kurzfristig wäre dieses Verfahren also nicht geeignet „klimaneutralen" Kohlestrom zu erzeugen. Zudem ist der Einsatz dieser Technologie mit enormen Kosten verbunden, was den Wirkungsgrad der Kraftwerke vermindert. Kostenvorteile könnten nur dann entstehen, wenn die Emissionszertifikate für den Produzenten teurer wären, als die Installation entsprechender Anlagen (Bardt 2010). Auf nationaler Ebene ist dies kaum denkbar und eine Etablierung auf europäischer Ebene wäre ein langfristiges Unterfangen. Die langfristige Auslegung derartiger Projekte, sowie Umwelt- und Kostengründe, machen eine Etablierung dieses Verfahrens unwahrscheinlich. Auch wenn sich die CO2-Sequestierung in einigen Großprojekten rechnen könnte, stellt dies jedoch keine langfristige und nachhaltige Lösung für die zukünftige Energieversorgung in Deutschland da und kann allenfalls als Übergangslösung gesehen werden.

Der Ersatz von Kernkraftwerken durch Gas- statt Kohlekraftwerken scheint im Hinblick auf die Reduzierung der Treibhausgasemissionen wesentlich geeigneter, da Erdgas eine bessere

Klimabilanz als Kohle vorzuweisen hat (Knopf et al. 2011). Zudem sind die notwendigen Investitionskosten für den Zubau von Gaskraftwerken deutlich geringer und es besteht die Möglichkeit mehrere kleine Gaskraftwerke in den nächsten Jahren zu bauen, deren Kosten sich schneller amortisieren. Des Weiteren können Gaskraftwerke flexibler gefahren werden als Kohlekraftwerke, womit sie sich besser an die fluktuierende Energieeinspeisung der erneuerbaren Energien anpassen können (Holm-Müller/Weber, 2011). Ein Problem, welches bei der sich derzeit ausdehnenden Nutzung von Erdgas in Deutschland besteht, ist die wachsende Importabhängigkeit, auch aus politisch instabilen Ländern (Bardt, 2010).

Sowohl für die Stromgewinnung aus Kohle als auch Erdgas muss jedoch angemerkt werden, dass in den vergangenen Jahren hohe Effizienzsteigerungen, u. a. durch die Etablierung von Kraft- Wärme- Kopplung, stattgefunden haben (Sperlich 2006). Im Vordergrund muss bei der Entscheidung über die zukünftige Nutzung der fossilen Energien das Erreichen des energiepolitischen Zieldreiecks stehen und Kompromissentscheidungen werden hierbei unumgänglich sein.

Neben der Bedeutung der fossilen Energien für die Strombereitstellung, sind Erdgas und Erdöl im Wärme- und Kraftstoffsektor von großer Bedeutung. Da den Vor- und Nachteilen bei der Nutzung von Erdgas bereits nachgegangen wurde und diese auch in der Wärme- und Kraftstoffbereitstellung ähnlich vorzufinden sind, soll an dieser Stelle auf die zukünftige Bedeutung von Erdöl eingegangen werden. Gerade im Verkehrssektor ist Erdöl von überragender Bedeutung und auf absehbare Zeit wird dies auch weiterhin so bleiben (Bardt 2010). Auf dem Wärmemarkt ist zu erkennen, dass Erdöl zunehmend an Bedeutung verliert und durch Gas-, aber auch Holzheizungen verdrängt wird. Insgesamt birgt die Nutzung von Erdöl eine Vielzahl von Problemen. Häufig wird dabei die Verknappung dieser Ressource als größtes Problem angesehen. Eine tatsächliche Erschöpfung ist dabei aber nicht zu erwarten. Vielmehr ist bei einer zu starken Abhängigkeit von diesem Energieträger das wirtschaftliche Risiko zu berücksichtigen, da bei einer Verknappung ein deutlicher Preisanstieg zu erwarten ist (Frondel & Schmidt 2007). Zudem befinden sich Erdölressourcen zu sehr großen Teilen in politisch instabilen Ländern, was die Versorgungssicherheit dauerhaft zu einem wachsenden Problem werden lässt. Auch wenn in den vergangenen Jahren technische Fortschritte gemacht wurden, die den Verbrauch von Erdöl vermindert haben, ist es immer noch der bedeutendste Energieträger in Deutschland. Damit ist Erdöl auch für den größten Anteil der Treibhausgasemissionen verantwortlich. Gerade im Wärmemarkt sind jedoch positive Entwicklungen zu erkennen, da hier zunehmend auf diesen Energieträger verzichtet wird.

Insgesamt ist bei einer langfristigen Nutzung von Erdöl sowohl die Versorgungssicherheit als auch die Umweltverträglichkeit kritisch zu betrachten. Auch aus wirtschaftlicher Sicht sind infolge von Preisschwankungen bereits heute Probleme zu erkennen. Gerade im Verkehrssektor müssen zukünftig Alternativen gefunden werden. Welche Möglichkeiten bereits heute vorhanden sind, um den Anteil von Erdöl in diesem Sektor zu reduzieren, wird in Kapitel 3.3.3 thematisiert.

3.3 Zukünftige Bedeutung der erneuerbaren Energien

Die Nutzung von fossilen Energieträgern ist vorwiegend auf energiewirtschaftliche Gründe zurückzuführen, wohingegen der derzeitige Boom der erneuerbaren Energien überwiegend mit Klima- und Ressourcenschutz zu erklären ist. Zudem verringert sich durch die Nutzung dieser Energieträger die Abhängigkeit von Energieimporten. Die Probleme liegen jedoch derzeit in der Wirtschaftlichkeit und der Versorgungssicherheit. Die Energiegewinnung aus erneuerbaren Energien ist wesentlich teurer, als mit fossilen Energieträgern (Tab. 1). Außerdem fehlt vor allem bei der Stromerzeugung aus Wind- und Solarenergie, durch die Abhängigkeit von Wetter und Tageszeit, die Grundlastfähigkeit. So decken die erneuerbaren Energien bereits heute in Spitzenzeiten knapp 100% des Strombedarfs, umgekehrt wird zeitweise jedoch kaum Strom durch diese Energiequellen produziert (Bardt 2010).

In Kapitel 2.3 wurde bereits aufgezeigt, welchen Beitrag die erneuerbaren Energien für die derzeitige Energieversorgung in Deutschland leisten. Dabei wurde bereits deutlich, dass die Bedeutung dieser Energieträger in den letzten Jahren stark zugenommen hat. Im nun Folgenden wird aufgezeigt, welchen Beitrag die erneuerbaren Energien in Zukunft für die Energiebereitstellung in Deutschland leisten können. In diesem Zusammenhang sollen aber auch mögliche Konflikte, die bei einer Ausdehnung dieser Energiequellen auftreten können, dargestellt werden.

3.3.1 Strombereitstellung aus erneuerbaren Energien

Bei der Strombereitstellung ist die Windenergie wichtigste „grüne" Energiequelle. Gerade im Zuge des Erneuerbare- Energien- Gesetzes (EEG) hat die Stromerzeugung durch Windkraft einen rasanten Anstieg zu verzeichnen (Abb. 5). Dabei ist festzuhalten, dass bei den landgestützten Windkrafträdern eine gewisse Sättigung eingetreten ist, da die Standorte, die für diese Form der Energiegewinnung nutzbar sind, zu großen Teilen bereits genutzt werden. In den nächsten Jahren sind daher eher Modernisierungen der bereits vorhandenen Windkrafträder zu erwarten (Behrendt & Dinjus 2006). Des Weiteren ist der Neubau immer häufiger von Widerstand aus der regionalen Bevölkerung begleitet, die durch den weiteren

Zubau mit einer erhöhten Lärmbelästigung und einem Eingriff in das Landschaftsbild leben müssen. Anders ist dies bei seegestützten Windkrafträdern bzw. Offshore-Windanlagen. Der gesellschaftliche Widerstand spielt hier keine bzw. nur eine untergeordnete Rolle, jedoch befindet sich die Entwicklung solcher Anlagen noch in einer sehr frühen Phase. Die Offshore Stromgewinnung ist wesentlich teurer als durch landgestützten Anlagen, was zum einen auf kürzere Wartungsintervalle als auch Probleme beim Anschluss an bestehende Verteilnetze zurückzuführen ist (Behrendt & Dinjus 2006). Voraussetzung für eine in Zukunft effizientere Nutzung dieser Energiequelle ist ein möglichst schneller Netzausbau und die Forschung im Bereich der Speichertechnologie. Ein Großteil des durch Windkraft erzeugten Stroms wird im Norden Deutschlands produziert. Da jedoch die Industriezentren überwiegend im Süden konzentriert sind, müssen die Netze für die Überwindung solcher Distanzen geeignet sein (BMWI 2011, zuletzt abgerufen am 12.12.2011). Aufgrund des schlechten Stromnetzes mussten die Zwangsdrosselungen bei Windkraftanlagen zwischen 2009 und 2010 in etwa verdoppelt werden (FTD 2011, zuletzt abgerufen 13.12.2011). Ein weiterer Ausbau dieser Energiequelle ist erst dann sinnvoll, wenn die gewonnene Energie auch effizient genutzt werden kann. Einen Beitrag hierzu können außerdem intelligente Stromnetze, sogenannten „Smart Grids" leisten, die durch eine stärkere Vernetzung zwischen Stromerzeuger und Konsument den Verlust von Energie verhindern können (Weinhold 2011).

Ähnliche Probleme gibt es bei der Stromerzeugung durch Photovoltaik. Die Wetter- und Tageszeitabhängigkeit bedingt eine stark schwankende Strommenge aus dieser Energiequelle, womit man auch hier auf eine möglichst effiziente Stromverteilung angewiesen ist. Im Unterschied zur Windkraft trägt Photovoltaik jedoch nur einen kleinen Teil zur gesamten Stromproduktion bei. Es ist zwar auch bei dieser Form der Energiegewinnung ein Anstieg zu erkennen, welcher aber in erster Linie auf staatliche Subventionen im Rahmen des EEG zurückzuführen ist. Die Bedingung der Wirtschaftlichkeit ist bei der Stromgewinnung aus Photovoltaik nicht gegeben. Dies wird sich voraussichtlich auch zukünftig nicht ändern, da die Sonnenintensität in weiten Teilen Deutschlands zu gering ist, um auf diese Weise in großen Mengen Strom zu produzieren (Behrendt & Dinjus 2006). Jedoch sollte hier angemerkt werden, dass in der Nutzung von Sonnenenergie global gesehen große Potentiale liegen, die mithilfe der in Deutschland produzierten Technik zugänglich gemacht werden können. Auch wenn diese Technik am Standort Deutschland nicht optimal genutzt werden kann, ist die Forschung in diesem Bereich dennoch von Bedeutung.

Wesentlich Bedeutender wird in Zukunft die Stromgewinnung aus Biomasse sein. Dabei erfolgt die Energiegewinnung in den meisten Fällen in Blockheizkraftwerken mit einer Kraft-Wärme- Kopplung. Das größte Problem dieses Energieträgers ist jedoch der große Flächenbedarf bei einer verhältnismäßig niedrigen Energiedichte (Behrendt & Dinjus 2006). Zudem wird die Biomasse auch zur Wärme- und Kraftstoffbereitstellung genutzt, weshalb Konflikte bei der optimalen Nutzung dieses Energieträgers möglich sind.

Anders als bei den drei zuvor beschriebenen Energiequellen, ist die Stromgewinnung aus Wasserkraft wesentlich länger etabliert. Nach der Windkraft ist diese Form der Stromerzeugung immer noch die zweitbedeutendste erneuerbare Energie. Jedoch sind hier auch die geringsten Entwicklungspotentiale vorhanden, da die rentablen Wasserkraftwerke an Flüssen und Stauseen im Wesentlichen gebaut sind und ein weiterer Ausbau daher nicht zu erwarten ist (Behrendt & Dinjus 2006).

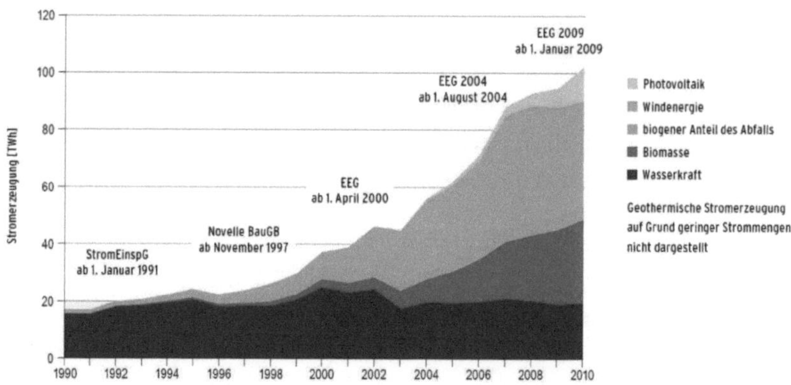

Abbildung 5: Entwicklung der Stromerzeugung aus erneuerbaren Energien
(Quelle: BMU 2011)

3.3.2 Wärmebereitstellung aus erneuerbaren Energien

Mit mehr als 80% im Jahr 2010 trugen biogene Festbrennstoffe den weitaus größten Anteil zur Wärmeerzeugung aus erneuerbaren Energien in Deutschland bei. Holz ist dabei der am häufigsten eingesetzte biogene Brennstoff. Vor allem in Privathaushalten werden immer zahlreicher Holzheizungen genutzt, die den konventionellen Erdöl- und Erdgasheizungen Marktanteile nehmen. Auch in der Industrie sind Tendenzen hin zu Holzheizungen zu erkennen. In Deutschland wachsen zudem derzeit mehr Festmeter Holz nach, als jährlich verbrannt werden (BINE 2002). Eine intensivere Nutzung dieser Energiequelle ist daher möglich, solange das Prinzip der Nachhaltigkeit eingehalten wird. Durch die regional vorkommenden Ressourcen kann gleichzeitig der Import von fossilen Energieträgern verringert werden und damit parallel ein weiterer Beitrag zum Klimaschutz geleistet werden. Durch die Nutzung von Brennholz gibt es nur sehr geringe bzw. negative CO_2-Minderungskosten. Unter negativen CO_2-Minderungskosten versteht man, dass das Heizen mit Holz nicht nur weniger Treibhausgase freisetzt als Erdöl- oder Erdgasheizungen, sondern gleichzeitig kostengünstiger ist (Heißenhuber 2011). Dies macht die Installation von Holzheizungen für den Endverbraucher zusätzlich attraktiv (Abb.6). Im Unterschied zur Energiegewinnung aus Wind- oder Solarkraft, besitzt der Energieträger zudem eine Grundlasttauglichkeit, da Holz über einen längeren Zeitraum gelagert werden kann.

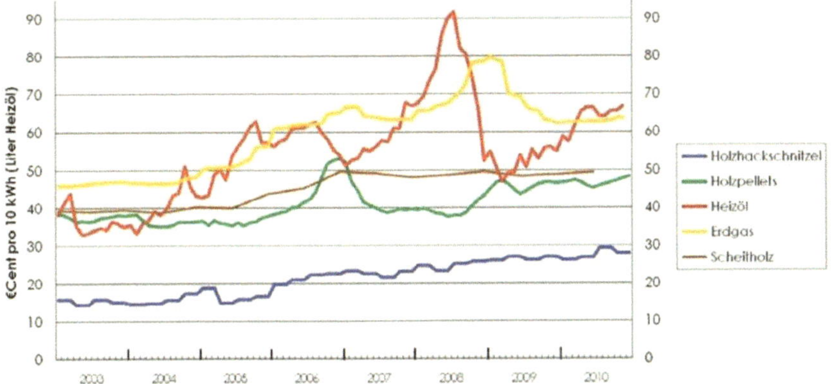

Abbildung 6: Preisentwicklung bei Holzbrennstoffen, Heizöl und Erdgas
(Quelle: Heißenhuber 2011)

Neben der Biomasse sind zur Wärmebereitstellung zudem die Solarthermie und die Geothermie geeignet. Bei der Solarthermie bestehen ähnliche Probleme wie bei der Nutzung von Photovoltaik. In den meisten Fällen wird Solarthermie von Privathaushalten genutzt. Durch die starken Subventionen in den vergangenen Jahren, ist auch hier ein Anstieg zu verzeichnen. Bei einem Wegfall dieser Subventionen ist die Wärmegewinnung jedoch aus wirtschaftlicher Sicht zu gering, um zukünftig einen größeren Beitrag zur Wärmebereitstellung zu leisten (Behrendt & Dinjus 2006). Wie die Wärmegewinnung aus Biomasse, ist die Geothermie grundlastfähig. Da Geothermie zu jeder Zeit Energie produziert, sind bei einem Ausbau dieser Energiequelle lokale und regionale Wärmenetze die Voraussetzung für eine effiziente Nutzung. Die Installation solcher Netze ist kostenintensiv, weshalb sich vor allem die Anbindung an Regionen eignet, die eine hohe flächenspezifische Wärmenachfrage haben (BINE 2008). Insgesamt befindet sich die Geothermie in einem frühen Entwicklungsstadium. In Zukunft wird diese Energiequelle einen wichtigen Beitrag zur Wärme- und auch Strombereitstellung tragen können, wenngleich hier von einem mittel- bis langfristigem Prozess auszugehen ist.

3.3.3 Kraftstoffbereitstellung aus erneuerbaren Energien

Im Sektor der Kraftstoffbereitstellung sind die erneuerbaren Energien derzeit am schwächsten vertreten. Dies ist vor allem auf die Dominanz von Erdölprodukten zurückzuführen, bei der durchaus von einem lock-in-Effekt gesprochen werden kann. Darunter versteht man, dass eine Technologie, in diesem Fall der benzinbetriebene Verbrennungsmotor, soweit fortgeschritten ist, dass es für Alternativen kaum möglich ist, sich am Markt zu etablieren (Bathelt & Glückler 2003). Auch wenn derzeit mit dem Kraftstoff E10 versucht wird, Biosprit stärker in diesem Sektor zu integrieren, bleibt dennoch festzuhalten, dass ohne gesetzliche Vorgaben keine Marktdurchdringung stattgefunden hätte. Derzeit werden in Deutschland rund 600.000t Biosprit pro Jahr produziert, was in etwa der Hälfte des Gesamtbedarfs entspricht. Das von der Bundesregierung ausgerufene Ziel ist es, bis zum Jahr 2020 rund 9,5% der in Deutschland bewegten Kraftfahrzeuge mit Biosprit zu versorgen. Hierzu wäre eine Anbaufläche notwendig, die in etwa zweimal der Größe von Belgien entspricht (ZDF 2011, zuletzt abgerufen am 12.12.2011). Auch wenn derzeit noch ungenutzte Anbauflächen in Deutschland verfügbar sind, ist diese Menge nur durch eine massive Steigerung des Biospritimportes möglich. Zudem argumentieren Kritiker, dass bei einer Ausdehnung der Biospritherstellung Anbauflächen für die Bereitstellung von Nahrungsmitteln verloren geht, die eine höhere Priorität haben müsste als die Kraftstoffgewinnung (Greenpeace 2007, zuletzt abgerufen am 12.12.2011). Die Klimaneutralität dieses Kraftstoffs steht ebenfalls in der Kritik, da bei der Düngung von Energiepflanzen Lachgas freigesetzt wird, welches für das Klima wesentlich gefährlicher ist als CO_2 (Zeit 2007, zuletzt abgerufen am 12.12.2011). Insgesamt lässt sich daher feststellen, dass eine zukünftige Steigerung von Biokraftstoffen nur schwer mit dem energiepolitischen Zieldreieck vereinbar sein wird.

Eine Alternative ist die stärkere Elektrifizierung des Straßenverkehrs. Hierbei ist zum einen die Einführung von Elektrofahrzeugen, aber auch die vermehrte Nutzung von elektrisch betriebenen öffentlichen Verkehrsmitteln zu nennen. Gerade bei der Einführung von Elektrofahrzeugen sind die Wirtschaftlichkeit und damit die gesellschaftliche Akzeptanz derzeit noch das größte Hindernis. Der hohe Preis der Technologie sowie die noch nicht ausgereifte Batterietechnik machen die Nutzung dieser Fahrzeuge zurzeit noch unattraktiv. Mittelfristig werden diese Fahrzeuge nur eine Marktnische abdecken und benzinbetrieben

Fahrzeuge nicht ersetzen können (Bardt 2010). Ob das Ziel der Klimaneutralität bei diesen Fahrzeugen erreicht wird, hängt zudem davon ab, ob der genutzte Strom aus erneuerbaren Energien stammt. Ferner würde eine stärkere Elektrifizierung des Verkehrs mit einer Reduzierung der Importabhängigkeit von Erdöl einhergehen, was einen Beitrag zur Versorgungssicherheit leisten würde.

4. Fazit

In Deutschland ist ein vielfältiger Energiemix vorzufinden, was sich auch in Zukunft nicht ändern wird. Veränderungen wird es jedoch in der Zusammensetzung der einzelnen Energieträger geben. Der Atomausstieg wird dafür sorgen, dass die erneuerbaren Energien zukünftig an Bedeutung gewinnen werden. Kurzfristig ist es jedoch nicht möglich den Wegfall dieser Energiequelle ausschließlich mit „grünen" Energien auszugleichen. Mittelfristig ist gerade Erdöl im deutschen Energiemix nicht substituierbar. Die Investitionen in fossile Energieträger, sei es zum Neubau oder zur Modernisierung von Kraftwerken, werden ebenfalls eine wesentliche Voraussetzung für das Erreichen des energiepolitischen Zieldreiecks sein. Die erneuerbaren Energien leisten einen großen Beitrag zur Umweltverträglichkeit und zur Versorgungssicherheit. Die Schwäche ist derzeit noch die geringere Wirtschaftlichkeit im Vergleich zu fossilen Energieträgern. Zur Gewährleistung der Wettbewerbsfähigkeit muss dieses Problem behoben werden. Bei der Betrachtung der zukünftigen Energieversorgung sollten Maßnahmen zur Energieeffizienzsteigerung ebenso beachtet werden, wie der Zubau von erneuerbaren Energien. Hierzu zählen Verbesserungen der Infrastruktur, wie der Ausbau des Stromnetzes und die Etablierung von Smart Grids. Die Kosten - aber auch der Nutzen - der Energiewende werden auf den Schultern der Gesellschaft getragen. Entscheidend für den Erfolg wird daher die gesellschaftliche Akzeptanz sein.

Literaturverzeichnis

BARDT, H (2010): Energieversorgung in Deutschland: Wirtschaftlich, sicher und umweltverträglich. Institut der deutschen Wirtschaft, Köln, 58 p.

BATHELT, H. & GLÜCKLER, J. (2003): Wirtschaftsgeographie. UTB Verlag, Stuttgart.

BEHRENDT,F. & DINJUS, E. (2006): Die Bedeutung der regenerativen Energien für die Energieversorgung. In: Hillemeier, B. (Hrsg.): Die Zukunft der Energieversorgung in Deutschland: Herausforderungen-Perspektiven-Lösungswege: 79-90.

BINE (2002): Holz- Energie aus Biomasse. BasisEnergie 13, 4p.

BINE (2008): Geothermie. BasisEnergie 8, 4p.

BLIEM, R. & HABER, A. (2010): Smart Grids: Auswirkungen auf die Netzentgelte. Energiewirtschaftliche Tagesfragen 60/1-2: 108-111.

BMWi (2011): http://www.bmwi.de/BMWi/Navigation/Energie/Kraftwerke/kampagne-energie.html. zuletzt abgerufen am 12.12.2011.

BÖCKER, D. & WELTE, D. (2006): Sichere Fossile Primärenergie- Eine Achillesferse von Wirtschaft und Politik. In: Hillemeier, B. (Hrsg.): Die Zukunft der Energieversorgung in Deutschland: Herausforderungen-Perspektiven-Lösungswege: 23-38.

BRÜGGEMANN, A. (2005): Energieeffizienz beim Endverbrauch: Ein Überblick über Potentiale, Hemmnisse und Förderinstrumente in Deutschland. In: KfW Bankengruppe (Hrsg.): Energie effizient nutzen: Klima schützen, Kosten senken, Wettbewerbsfähigkeit steigern: 8-31.

BUNDESMINISTERIUM FÜR UMWELT, NATURSCHUTZ UND REAKTORSICHERHEIT (2011): Erneuerbare Energien in Zahlen: Nationale und internationale Entwicklung. Berlin, 116 p.

BUNDESMINISTERIUM FÜR WIRTSCHAFT UND TECHNOLOGIE (2010): Energie in Deutschland: Trends und Hintergründe zur Energieversorgung. Berlin, 60 p.

DENA (2008): Kurzanalyse der Kraftwerks- und Netzplanung in Deutschland (mit Ausblick auf 2030). Berlin, 65p.

DENA (2011): http://www.thema-energie.de/energie-im-ueberblick/daten-fakten/statistiken/energieverbrauch/primaerenergieverbrauch-in-deutschland.html, zuletzt abgerufen am 14.12.2011.

DEPV (2011): http://www.depv.de/startseite/marktdaten/pelletheizungen, zuletzt abgerufen am 17.12.2011.

FINANCIAL TIMES DEUTSCHLAND (2011): http://www.ftd.de/politik/deutschland/:engpass-bei-energieversorgung-stromnetz-bremst-windkraft-aus/60123011.html, zuletzt abgerufen am 13.12.2011.

FOCUS ONLINE (2011): http://www.focus.de/politik/weitere-meldungen/strompreis-verbraucherschuetzer-und-bundesnetzagentur-warnen-vor-panikmache_aid_619626.html, zuletzt abgerufen am 12.12.2011.

FRONDEL, M. & SCHMIDT, C.(2007): Von der Erschöpfung der Rohstoffe und anderen Irrtümern. Energiewirtschaftliche Tagesfragen 57/5: 88-92.

GREENPEACE (2007): http://www.greenpeace.de/themen/landwirtschaft/nachrichten/artikel/ agro_sprit_antriebsmittel_fuer_den_welthunger, zuletzt abgerufen am 12.12.2011.

GROß, C., KUCKHINRICHS, W., WAGNER, H.-J. (2010): Globale Energie- und CO2-Szenarien. Handbuch Energiemanagement 2202: 1-14.

HEIßENHUBER, A. (2011): Biobrennstoffe und grüne Energie. In: Kausch, P. et al. (Hrsg.): Energie und Rohstoffe. Spektrum Akademischer Verlag, Heidelberg:119-133.

HOLM- MÜLLER, K. & WEBER, M. (2011): Atomausstieg in Deutschland: klimaverträglich und bezahlbar. Wirtschaftsdienst 5/2011: 295-299.

IFW (2011): http://www.ifw-kiel.de/medien/fokus/2011/ifw-fokus-94, zuletzt abgerufen am 14.12.2011.

LÖSCHEL, A. (2011): Energiepolitik nach Fukushima. Wirtschaftsdienst 5/2011: 307-310.

KNOPF, B., KONDZIELLA, H., PAHLE, M. (2011): Der Einstieg in den Ausstieg: Energiepolitische Szenarien für einen Atomausstieg in Deutschland. Potsdam-Institut für Klimafolgenforschung, Leipzig, 80 p.

PROGNOS (2011): Das Energiewirtschaftliche Gesamtkonzept. Konsequenzen eines beschleunigten Ausstiegs aus der Kernenergie in Deutschland. München, 12p.

SCHRÖER, S. (2008): Atomausstieg und Versorgungssicherheit: Existiert eine Stromlücke? Wirtschaftsdienst 7/2008: 474-478.

SPERLICH, V. (2006): Kraft-Wärme-Kopplung. Was ist das eigentlich? Duisburg, 9p.

UBA (2011): http://www.umweltbundesamt-daten-zur-umwelt.de/umweltdaten/public/ theme.do?nodeIdent=2326, zuletzt abgerufen am 12.12.2011.

UBA [2] (2011): 1http://www.umweltbundesamt-daten-zur- umwelt.de/umweltdaten/public/theme.do?nodeIdent=5981, zuletzt abgerufen am 16.12.2011.

UBA (2009): CCS- Rahmenbedingungen des Umweltschutzes für eine sich entwickelnde Technik. Dessau-Roßlau, 22p.

VOß, A. (2006): Wege zu einer nachhaltigen Energieversorgung in Deutschland. In: Hillemeier, B. (Hrsg.): Die Zukunft der Energieversorgung in Deutschland: Herausforderungen- Perspektiven-Lösungswege: 23-38.

WEINHOLD, M. (2011): Optionen einer nachhaltigen Energietechnik. In: Kausch, P. et al. (Hrsg.): Energie und Rohstoffe. Spektrum Akademischer Verlag, Heidelberg: 151-168.

WELT ONLINE (2011): http://www.welt.de/motor/article13696570/Hype-ums-E-Auto-allerdings- nicht-auf-der-Strasse.html, (zuletzt abgerufen am 04.11.2011)

WUPPERTAL INSTITUT FÜR KLIMA, UMWELT, ENERGIE (2004): Energieeffizienz-Fonds: Hintergrundpapier im Auftrag der Hans-Böckler-Stiftung. Wuppertal, 18p.

ZDF (2011): http://www.zdf.de/ZDFmediathek/beitrag/video/1278626/Wie+ökologisch+ist+E10+ wirklich%3F#/beitrag/video/1278626/Wie-oekologisch-ist-E10-wirklich%3F, zuletzt abgerufen am 12.12.2011.

ZEIT (2007): http://www.zeit.de/online/2007/39/Biosprit/komplettansicht, zuletzt abgerufen am 12.12.2011.